数字孪生流域 50 问

主　编　胡彩虹　余　欣　夏润亮

中国水利水电出版社
www.waterpub.com.cn
·北京·

内容提要

　　本书以科普水利学科高端前沿科技为目的,从数字孪生流域建设与应用实践入手,通过图文解读方式介绍了数字孪生流域的基本概念、基础理论、技术方法以及应用情况。全书分为基础篇、技术篇和应用篇三部分,内容包括:数字孪生流域的基本概念、技术特征和时代背景,数字孪生流域各部分组成的构建技术,以及数字孪生流域建设应用案例。

　　本书既可作为相关工作人员认知数字孪生新兴技术的知识读本,也可以作为公众了解水利行业数字孪生流域发展的科普读物。

图书在版编目（CIP）数据

数字孪生流域50问 / 胡彩虹，余欣，夏润亮主编
. -- 北京 : 中国水利水电出版社，2023.7
　ISBN 978-7-5226-1615-5

　Ⅰ. ①数… Ⅱ. ①胡… ②余… ③夏… Ⅲ. ①数字技术－应用－河流－水利工程－问题解答 Ⅳ. ①TV-39

中国国家版本馆CIP数据核字(2023)第131588号

书　名	数字孪生流域50问 SHUZI LUANSHENG LIUYU 50 WEN	
作　者	主编　胡彩虹　余　欣　夏润亮	
出版发行	中国水利水电出版社 (北京市海淀区玉渊潭南路1号D座　100038) 网址: www.waterpub.com.cn E-mail: sales@mwr.gov.cn 电话: (010) 68545888（营销中心）	
经　售	北京科水图书销售有限公司 电话: (010) 68545874、63202643 全国各地新华书店和相关出版物销售网点	
排　版	北京金五环出版服务有限公司	
印　刷	天津嘉恒印务有限公司	
规　格	170mm×240mm　16开本　5印张　86千字	
版　次	2023年7月第1版　2023年7月第1次印刷	
印　数	0001—2000册	
定　价	40.00元	

凡购买我社图书，如有缺页、倒页、脱页的，本社营销中心负责调换
版权所有·侵权必究

《数字孪生流域50问》编委会

主　编：胡彩虹　余　欣　夏润亮

副主编：郜国明　赵连军　李　涛

编写人员（按拼音排序）：

杜颖恩	郭　烨	谷少闯	李　冰	李　珂	李卓铮	李英睿
梁思涵	刘成帅	刘启兴	刘　巍	牛超杰	全李宇	谭博宇
王　敏	吴　丹	邬　强	解添宁	席　慧	许营营	余燕杉
杨　帆	杨无双	俞　彦	张景帅	赵何晶		

统　稿：夏润亮

校　稿：李　涛　李　冰

制　图：全李宇　李卓铮

孪生是生物现象，古老而自然，但总能带来惊喜；数字时代的今天，数字孪生的诞生自然也给我们带来许多的惊喜。近些年，数字孪生作为一种新理念、新技术，对于理解和表达物理世界与数字世界日益融合的关系，显示出其独特的优势，正在由最初的产品全生命周期管理领域快速扩展、应用到许多领域。《中华人民共和国国民经济和社会发展第十四个五年规划和 2035 年远景目标纲要》明确提出："构建智慧水利体系，以流域为单元提升水情测报和智能调度能力。"水利部明确提出，智慧水利是新阶段水利高质量发展标志和六条实施路径之一，数字孪生流域建设是智慧水利的核心和关键。对于数字孪生流域、数字孪生水利工程、数字孪生国家水网等规划建设，水利部空前重视，科学定位，周密谋划，高位推进，体系推进，闭环推进；相关工作文件和技术指导性文件已陆续颁布实施。

将数字孪生的理念和技术逻辑引入智慧水利建设之中，提出建设数字孪生流域，在理念和技术逻辑上极大地增强了智慧水利的整体性、系统性、完备性、有机性，并科学地表达了强化流域治理管理的内在逻辑和工作要求。数字孪生流域建设是一个庞大、复杂的系统工程，要求严格，涉及的学科和技术跨度广，同时，必须清醒地认识到，数字孪生流域对于水利行业来说是一个新事物，其高质量建设与发展也面临着不少亟待研究和明确的问题：一方面，数字孪生自身仍在发展之中，相应的理论体系、技术体系、标准体系、评价体系等还存在许多开放的研究问题；另一方面，我国各大流域高质量发展涉及的制度体系、业务机制体系、业务标准体系等仍在不断优化完善中，其中一些基本的问题尚有一定的不确定性，需要在理论上进一步研究、深化掌握。同时，数字化、网络化、智能化发展的协调性还不够，整体上智能

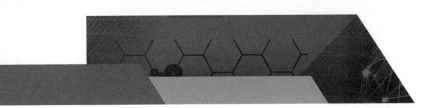

化比较低，数字化没有全业务、全要素覆盖，网络化的互联互通及其支撑的业务网络性协同还不充分。总之，在加快推进智慧水利、数字孪生流域、数字孪生水利工程及数字孪生水网的当下，有许多新知识迫切需要学习，有许多问题迫切需要解疑、回答。

《数字孪生流域50问》的出版真是恰逢其时。这本书是由郑州大学和黄河水利科学研究院联合编写完成的。参与这项工作的同志，既有从事理论研究的，也有长期从事黄河治理信息化系统研发的，他们组成了一个极富创新活力和激情的团队。编写一本书是非常耗时的事情，一本好书是传播普及先进知识和技术的重要载体。作者以敏锐的专业精神和专业担当，耗费数月，广泛收集研究梳理已有文献，将成果及时呈现给大家。

《数字孪生流域50问》涵盖了数字孪生流域的基本概念、基础理论、技术方法和实践应用等多个方面，通俗易懂，便于理解，反映了这项新兴技术在我国的发展历程以及近期进展，使读者能够全面、系统地获得数字孪生流域方面的知识。相信，这本书对于深化数字孪生流域的相关知识理解以及指导实践，都具有重要的阅读和参考价值。

寇怀忠

2022 年 11 月 6 日于 黄河苑

前　言

随着水环境问题长期积累、水资源情势动态演变，新阶段水利发展面临严峻挑战，具体表现为水资源开发利用与节约保护等发展不平衡以及水利基础设施、水旱灾害防御能力、水资源优化配置、治理体系和治理能力现代化等发展不充分问题。2021年6月，水利部党组提出把推进智慧水利建设作为推动新阶段水利高质量发展的实施路径，水利部相继出台《关于大力推进智慧水利建设的指导意见》《智慧水利建设顶层设计》《"十四五"智慧水利建设规划》《"十四五"期间推进智慧水利建设实施方案》等系列重要文件，谋划推进智慧水利建设，将数字孪生流域作为智慧水利建设的核心和关键，并部署了七大江河数字孪生流域建设。水利部提出，要加快建设数字孪生流域和数字孪生水利工程，强化预报、预警、预演、预案功能。数字孪生是目前水利建设中前沿技术的热点，已同多个领域相结合并发挥出极大的效益，应用于流域治理开发可以为流域管理、水旱灾害防御、水资源调配等提供决策技术支撑，实现数字化场景、精准化决策。对大众来说，数字孪生仍是一项极为陌生的前沿科技，本书编写的目的是让非水利领域的大众和初涉数字孪生流域的水利工作者对数字孪生流域形成初步认知，并希望能够为数字孪生流域的建设添砖加瓦。

本书力求结构完整，逻辑清晰，在内容上理论与实践相联系，在叙述上浅显易懂，着重介绍数字孪生技术的前世今生，数字孪生流域的概念、背景、结构、特点、构建及应用，适度反映这项新兴技术在我国的发展历程以及近期进展，使读者能够全面、系统地获得数字孪生流域或数字孪生水利工程等方面的知识。本书可作为公众了解数字孪生流域的科普读物，也可作为从事数字孪生流域相关工作人员的知识读本。

　　本书由郑州大学和黄河水利委员会黄河水利科学研究院联合编写，胡彩虹、余欣、夏润亮为主编，郜国明、赵连军和李涛为副主编，具体分工为：基础篇由全李宇、王敏、李冰、牛超杰、刘启兴、许营营、李英睿、梁思涵编写，技术篇由杨帆、张景帅、余燕杉、吴丹、杜颖恩、郭烨、谷少闯编写，应用篇由李涛、郜强、刘成帅、解添宁、杨无双、李珂、席慧、俞彦、谭博宇、赵何晶编写。全书由夏润亮教授级高级工程师统稿，李涛和李冰校稿，全李宇与李卓铮制图。在本书编写过程中，参阅和引用了科研院所有关专家的教材、专著、论文、讲座以及水利部有关数字孪生流域的管理办法、技术导则、大纲等内容，在此对文献的编写者、活动主办方以及宣讲教授表示衷心感谢。由于时间有限，书中难免存在不足之处，诚恳地希望读者给予批评指正。

作者
2022 年 11 月

目 录 Catalogue

序

前言

基础篇

Q01: 什么是数字孪生？ ·· 02

Q02: 数字孪生的发展历程？ ································· 03

Q03: 什么是数字孪生流域？ ································· 04

Q04: 数字孪生流域的系统构架有哪些组成部分？ ··· 06

Q05: 什么是数字孪生流域的信息基础设施？ ········ 07

Q06: 什么是数字孪生流域的数字孪生平台？ ········ 08

Q07: 数字孪生流域的核心及内涵是什么？ ··········· 09

Q08: 数字孪生流域的优点有哪些？ ····················· 10

Q09: 数字孪生流域的自身属性有哪些？ ·············· 11

Q10: 数字孪生流域的建设功能有哪些？ ·············· 12

Q11: 数字孪生流域的建设目标是什么？ ·············· 13

Q12: 数字孪生流域的建设原则是什么？ ·············· 14

Q13: 构建数字孪生流域的先决条件是什么？ ········ 15

Q14: 数字孪生流域建设需要满足什么要求？ ········ 16

Q15: 数字孪生流域建设的技术特征有哪些？ ········ 16

Q16: 目前实现数字孪生流域存在哪些问题？ ································· 17

Q17: 我国对数字孪生流域建设有怎样的规划？ ······················ 18

Q18: 什么是智慧水利？ ··· 19

Q19: 数字孪生流域与智慧水利之间是什么关系？ ··················· 19

Q20: 智慧水利的系统架构及各部分组成？ ····························· 20

Q21: 什么是"四预"？"四预"有哪些技术要求？ ··················· 21

Q22: 构建智慧水利的重点任务有哪些？ ································· 23

技术篇

Q23: 如何搭建信息基础设施的水利感知网？ ························· 28

Q24: 如何搭建信息基础设施的水利信息网？ ························· 30

Q25: 如何搭建信息基础设施的水利云？ ································· 31

Q26: 如何完善水利信息基础设施？ ······································ 32

Q27: 怎样构建数字孪生平台的数据底板？ ····························· 33

Q28: 怎样对数据底板中的数据进行治理？ ····························· 35

Q29: 如何构建数字孪生平台中的模型平台？ ························· 36

Q30: 如何构建数字孪生平台中的知识平台？ ························· 38

Q31: 如何在数字孪生流域中实现水利业务统一调度？ ············ 39

Q32: 如何对数字孪生流域进行设备维护？ ····························· 40

Q33: 如何利用数字孪生流域实现"四预"？ ··························· 41

Q34: 实现数字孪生流域的关键技术包括哪些？ ····················· 42

Q35: 什么是 BIM 应用系统？ ··· 44

Q36: BIM 应用系统在数字孪生流域构建过程中起什么作用？ ····· 45

应用篇

Q37: 如何从不同视角阐述数字孪生流域的应用过程？ ·········48

Q38: 怎样利用数字孪生流域实现水资源调度？ ·········49

Q39: 怎样利用数字孪生流域实现流域径流预测？ ·········50

Q40: 数字孪生流域关键应用——应急避险转移辅助功能 ·········51

Q41: 水利行业数字孪生先行先试工作部署 ·········53

Q42: 水利行业数字孪生开山之作——大藤峡数字孪生工程 ·········54

Q43: 应用案例——数字孪生长江 ·········55

Q44: 应用案例——数字孪生黄河 ·········56

Q45: 应用案例——数字孪生珠江 ·········57

Q46: 应用案例——数字孪生淮河 ·········58

Q47: 应用案例——数字孪生松辽 ·········59

Q48: 应用案例——数字孪生海河 ·········60

Q49: 应用案例——数字孪生太湖 ·········61

Q50: 应用案例——数字孪生小清河流域 ·········62

参考文献 ·········63

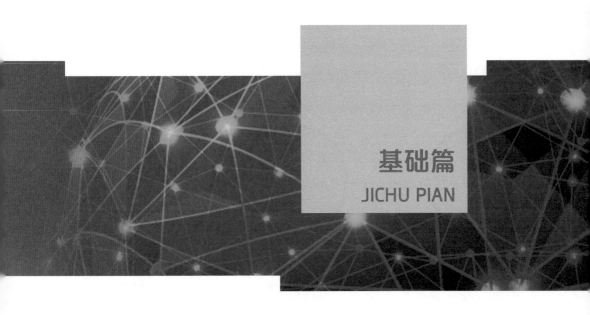

基础篇

JICHU PIAN

Q01：什么是数字孪生？

　　数字孪生是一种集成多物理、多尺度、多学科属性，能够实现物理空间与信息空间交互与融合的技术手段。通过软件定义，利用高新技术对物理空间的特征数据进行描述、诊断、预测、决策，从而实现物理对象的数字化呈现。在这个过程中，数据是支撑，模型是核心，软件是载体。

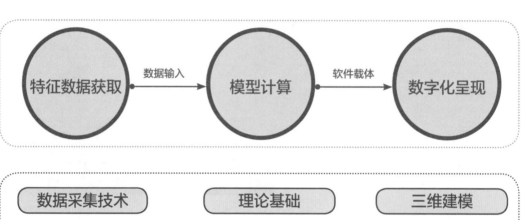

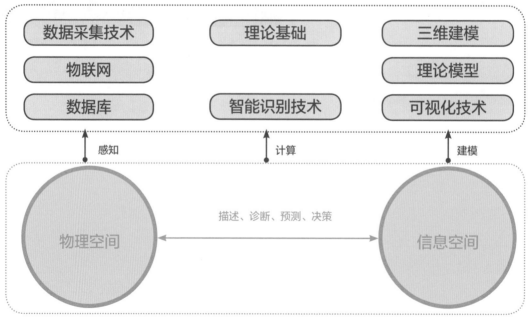

Q02：数字孪生的发展历程？

数字孪生是在近几年涌现出的专业名词，起初只是一种思维模式，由密歇根大学的教授 Michael Grieves 提出，并且将它命名为信息镜像模型。随后经过了漫长岁月的洗礼，数字孪生技术映射的范围越发广泛，发展也变得更加迅速。如今的数字孪生技术已经被人们应用于多个行业。在应用过程中，人们可以进行多维度的控制，并结合自己的实际需求，对模板进行各方面的调控，直至其符合自己的需求为止。

技术积累期
21 世纪之前

1949 年 APT(第一代软件问世)；
1969 年 NASA 研制出第一代 CAE 软件；
1973 年首代 CAPP 系统 AuTopros 诞生；
CAX 软件的诞生和应用加速了数字孪生概念的提出。

概念提出期
2000—2015 年

概念起源： 美国国家航空航天局 (NASA)"阿波罗计划"用一个相同的航天器模拟太空中的航天器。
名称定义： 2003 年 Michael Grieves 教授首次命名"信息镜像模型"。
理论支撑： 2012 年 NASA 发布数字孪生技术路线图，为数字孪生从设想变成现实提供了理论基础。

应用萌芽期
2015—2020 年

西门子公司发布数字孪生体应用模型；
PTC 公司提出数字孪生技术物联网解决方案；
企业开始宣传和使用数字孪生技术。

快速发展期
2020 至未来

数字孪生技术在各行业得以应用；
AI 等新兴技术与数字孪生技术融合发展；
数字孪生技术和产业生态迎来爆发期。

Q03：什么是数字孪生流域?

1. 流域

　　地形等高线中极大值为山峰，山峰的下坡方向为山脊，相邻山峰之间的区域为鞍部，山峰、山脊和鞍部的连接线为分水线。分水线通常将降水形成的水流分开流向相邻的两条河流，有地面分水线和地下分水线之分。地面分水线将地面水流分开流向相邻两河流，地下分水线将含水层中的地下水流分开流向相邻两河流。

　　由分水线所包围的区域称为流域。流域有闭合流域和非闭合流域之分，地面分水线和地下分水线重合的流域为闭合流域，地面分水线和地下分水线不重合的流域称为非闭合流域。

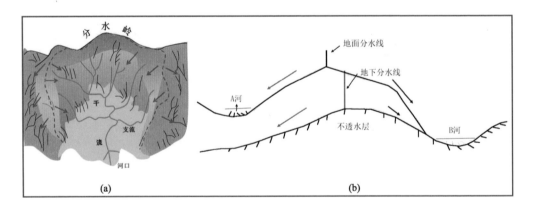

流域示意图

2. 数字孪生流域

数字孪生流域是在信息空间中对物理流域进行仿真模拟的成果。数字孪生流域利用遥感、地理信息系统、全球定位系统和物联网等技术，对流域的自然环境、社会经济等要素进行数字化映射，构建与流域同步仿真的模型平台，实现流域全要素和水利治理管理活动全过程的智能化模拟。

知识小贴士：
数字孪生流域概念的提出

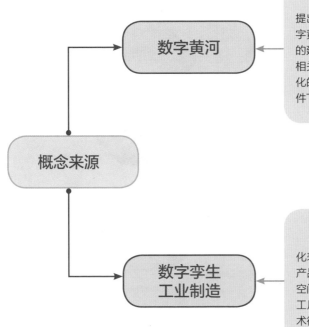

概念来源

数字黄河

2001 年，时任黄河水利委员会主任李国英提出建设"三条黄河"，即"原型黄河""数字黄河"和"模型黄河"。其中"数字黄河"的建设目标是借助现代化手段，对黄河流域及相关地区的自然、经济、社会等要素构建一体化的数字集成平台和虚拟环境，在可视化的条件下提供决策支持。

数字孪生 工业制造

2015 年以来，数字孪生式物理产品的数字化表达，让人们在数字化产品上看到实际物理产品可能发生的情况。数字孪生技术被应用于空间分析器的仿真分析、监测和预测，以及建筑、工厂、基础设施等各种各样的应用场景，该技术得以快速发展。

Q04：数字孪生流域的系统构架有哪些组成部分？

数字孪生流域的系统构架包括数字孪生平台和信息基础设施，其中数字孪生平台由数据底板、模型平台和知识平台构成，而信息基础设施由水利感知网、水利信息网和水利云构成。

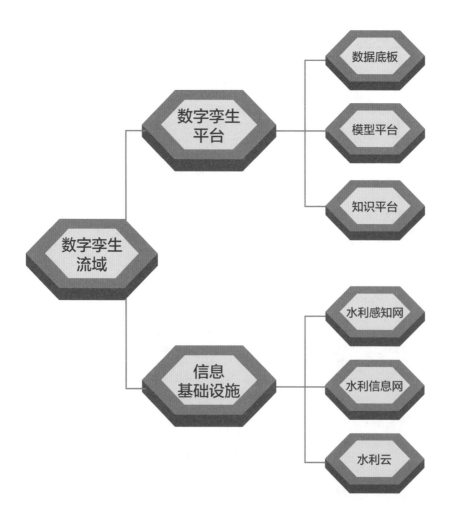

Q05：什么是数字孪生流域的信息基础设施？

在水利行业，信息基础设施主要指光缆、微波、卫星、移动通信等网络设施，涉及了一切能够搜集基础数据用以描述流域基本特征的工程，如国家水文站点及水文站网、卫星遥感、监测机构、通信等。信息基础设施既是国家和军队信息化建设的基础支撑，也是保证社会生产和人民生活基本设施的重要组成部分。

对于数字孪生流域来说，信息基础设施包括水利感知网、水利信息网和水利云三大组成部分。

Q06：什么是数字孪生流域的数字孪生平台?

数字孪生平台是在水利信息基础设施的基础上，运用三维仿真技术，对江河湖泊、水利工程、水利管理对象和受影响区域等物理流域进行数字映射，并利用模型平台和知识平台实现模拟仿真，支撑"2+N"水利智能业务应用的平台。

数字孪生平台主要包括数据底板、模型平台和知识平台等。

数据底板：提供三维展示、数据融合、分析计算、动态场景等功能。数据底板在水利一张图的基础上升级扩展，完善数据类型、数据范围和数据质量，优化数据融合、分析计算等功能。主要包括数据资源、数据模型和数据引擎等内容。

模型平台：在数字空间进行水利管理活动的智能仿真，可具体分为水利专业模型、智能识别模型、可视化模型以及模拟仿真引擎。

知识平台：利用机器学习等技术感知水利对象，识别水利规律，为数字孪生流域提供智能内核，支撑事前智能推理和事后溯因分析，满足数据分析、专业模型、机器视觉和学习算法等不同应用场景需求，支撑新一代水利业务应用的创新。

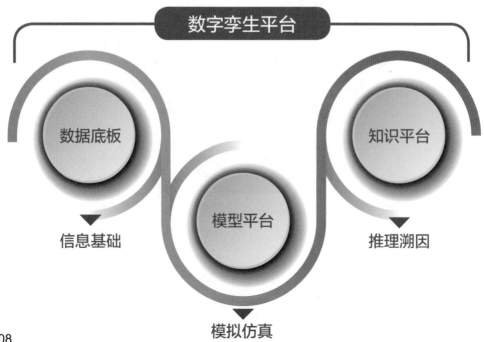

数字孪生平台

数据底板　　　　模型平台　　　　知识平台

信息基础　　　　　　　　　　　推理溯因

模拟仿真

Q07：数字孪生流域的核心及内涵是什么？

数字孪生平台中的模型平台是数字孪生流域的核心，主要内容包括水利专业模型、智能识别模型、可视化模型和数字模拟仿真引擎。

数字孪生流域可以由"一项通用技术、两大孪生空间、三大技术要素、四大功能等级和五大典型特征"简单概括。"一项通用技术"即指支撑物理流域数字化转型的通用技术；"两大孪生空间"由物理空间（即物理流域）和信息空间（即数字流域）组成；"三大技术要素"是指描述流域特征的数据、模拟物理现象的模型和承载计算程序的软件；"四大功能等级"可分为描述、诊断、预测和决策；"五大典型特征"主要是数据驱动、模型支撑、软件定义、精准映射和智能决策。

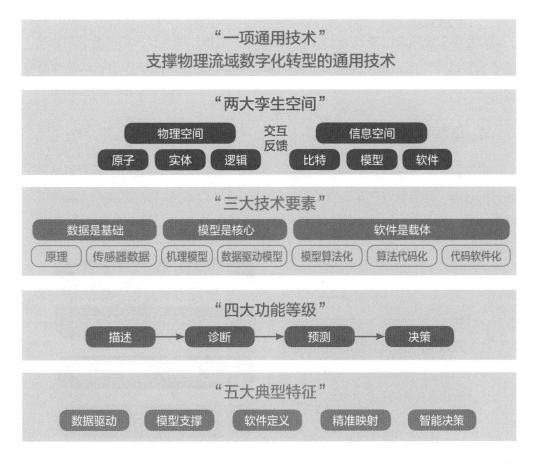

Q08：数字孪生流域的优点有哪些?

1. 使用简单，创新方便

数字孪生流域可以使用物联网、虚拟现实和仿真工具等多种数字化手段，绘制虚拟空间水域特征图，加快流域规律分析。

2. 覆盖全面，高效查询

数字孪生流域以数字孪生技术为手段，具有测量效率高以及其他技术手段难以实现的优势，能够查询流域的实体属性、水文参数和水利工程现状等基础数据，满足实际水利管理过程中的各种要求。

3. 数据驱动，精准决策

数字孪生流域通过物联网上的数据收集和大数据处理，分析和诊断当前状况，基于模型推断流域未来发展趋势，为未来水利管理活动的决策提供有价值的参考数据。

4. 全程优化，溯源模拟

借助数字孪生流域，不再需要探索不同的方法来改进项目流程，无须退出正在进行的过程，并且可以在实验室中进行溯源模拟，了解新决策的缺点和优势并优化决策。

数字孪生流域优点
- 使用简单，创新方便
- 覆盖全面，高效查询
- 数据驱动，精准决策
- 全程优化，溯源模拟

Q09：数字孪生流域的自身属性有哪些？

数字孪生流域的自身属性主要有高效性、可持续性、智能性、系统可靠性以及低成本、易维护和易部署等。

（1）**高效性**：根据不同应用场景优化各项性能指标，通过吞吐量、延时、能耗和生命周期等指标评价高效性。

（2）**可持续性**：建设是绿色、健康、和谐的过程，与自然社会发展相适应。

（3）**智能性**：是最显著的核心属性，可识别异常，发现规律，减少人为干预。

（4）**系统可靠性**：主要包括鲁棒性和弹性。为了保证数字孪生流域在虚拟空间模拟运行的准确性，开发者往往对系统的技术架构进行设计，确保系统具有强大的容错能力，即使受到干扰和个别异常值影响，在及时排查故障并自我修复后，仍能稳定运行。

（5）**低成本、易维护和易部署等也是其具备的特性**。以黄河为例，黄河水利科学研究院搭建的模型黄河不能实时更新数据，在对黄河进行决策管理时，往往需要测量实时数据，对物理模型进行断面布设，需要耗费极大的人力物力。而在数字孪生技术应用以后，仅需要在信息空间对现有决策进行验证即可，有效地降低了决策成本。

Q10：数字孪生流域的建设功能有哪些?

数字孪生流域的建设功能包括物理映射、机理再现和决策支持。

（1）**物理映射：** 在数字世界内准确映射流域实体的全生命周期、全要素，包括：地形、地貌、地质条件，实时水情、雨情，工程及其调度运行管理，社会经济和人类活动。

（2）**机理再现：** 利用机理模型和数据技术，构建流域自然要素与管理业务、社会经济活动之间的有机关联。

（3）**决策支持：** 应用知识实现智能分析，为流域管理和经济社会发展提供决策支持。

物理映射 在数字世界内准确映射流域实体的全生命周期、全要素	机理再现 机理模型 + 数据技术 → 构建流域自然要素 vs 管理业务、社会经济活动之间的有机关联	决策支持 应用知识实现智能分析，为流域管理和经济社会发展提供决策支持
地形、地貌、地质条件	水文水动力模型	调度规则应用
实时水情、雨情	泥沙河道演变模型	水管理知识图谱
工程及其调度运行管理	水质模型	风险评估
社会经济	水生态模型	效益分析
人类活动	工程调度模型	……
	大数据分析技术	
	……	

Q11: 数字孪生流域的建设目标是什么?

当前,我国水利发展不平衡不充分问题依然突出,数字孪生流域的建设目标一方面要求提高水利发展质量问题的战略定位,另一方面要求强化流域治理管理要求,全面提升水安全、水资源、水生态、水环境治理和管理能力。

1. 提高水利发展质量

水资源开发利用与节约保护等发展不平衡,水利基础设施、水旱灾害防御能力、水资源优化配置、治理体系和治理能力现代化等发展不充分的问题是水利发展矛盾的集中体现。构建数字孪生流域可以在现有基础上提升水安全、水资源、水生态、水环境治理和管理能力。

2. 强化流域治理管理要求

水环境问题长期积累凸显,水资源情势动态演变,新阶段水利发展直面严峻挑战。利用数字孪生流域实现准确识变、科学应变、主动求变,全面贯彻新发展理念,实现供给与需求在更高水平的动态平衡,强化流域治理管理要求。

拟解决问题		建设目标	
区域、城乡、建设与管理、开发利用与节约保护等发展不平衡	水利基础设施网络覆盖、水旱灾害防御能力、治理体系和治理能力现代化等发展不充分	提高水利发展质量	强化流域治理管理要求
水利发展不平衡不充分			
数字孪生流域			

Q12：数字孪生流域的建设原则是什么?

（1）**需求牵引，应用至上**。围绕流域防洪、水资源管理与调配等"2+N"水利业务，聚焦流域统一规划、统一治理、统一调度、统一管理等，为智能业务应用提供亟须的公共数据、模型和知识等资源。

（2）**顶层设计，分步建设**。遵循构建原则，科学构建干支流、上下游、左右岸以及重要部位、重点工程、重要断面组成的数字孪生流域架构，根据需求迫切性、技术可行性及条件成熟性，在先行先试的基础上分步建设，并确保分步建设的成果能无缝集成。

（3）**协同推进，共享发展**。建立健全水利部本级、流域管理机构、地方水利部门和工程管理单位协作建设体制机制，强化全流程和全环节管理，加强采集感知、网络连通、数据底板、模型平台、知识平台等领域的技术衔接，以及基础设施共用、数据共享、服务调用、身份互认等环节的制度贯通。

（4）**整合资源，统一标准。**充分利用现有的采集传输、计算存储、数据以及专业模型等资源，强化监测感知，提升网络通信水平，提高计算存储能力，丰富数据资源，升级模型能力。推进智慧水利建设系列标准，重点强化数据语义、语法，模型开放、交互，以及知识库模型优化等方面的标准统一，为跨层级数字孪生流域模块化链接奠定基础。

（5）**及时更新，安全可控。**数据、模型、知识等内容要明确更新周期的要求，使得数字化场景、智慧化模拟与物理流域保持一致。

（6）**保持同步，实现孪生。**数字孪生流域建设要边建设、边应用，将建设成果及时用于流域治理管理等业务，在应用中不断丰富数据、优化模型、完善功能。

Q13：构建数字孪生流域的先决条件是什么？

中华人民共和国成立以来，水利行业的发展为数字孪生流域的建设提供了物质和技术支持以及相应的制度保障，体现在工程基础、数据基础、科技基础和制度基础四方面。

（1）**工程基础：**大规模建设了江河防洪、农田灌溉及城乡供水等水利基础设施，具备了由点向网、由分散向系统转变的工程基础。

（2）**数据基础：**各流域水文站点定期开展水文测量记录工作，并对测量数据进行整编处理，为构建数字孪生流域提供了较完备的数据基础。

（3）**科技基础：**水利科技创新能力和信息化水平持续提升，具备了由传统向数字化、可视化、网络化和智能化转变的科技基础。

（4）**制度基础：**构建了水法规制度和水资源管理、河湖管理及工程管理的体制机制，具备了从粗放式管理向精细化、规范化和法治化管理转变的制度基础。

Q14：数字孪生流域建设需要满足什么要求？

数字孪生流域建设需要满足功能要求和技术要求两大基本要求。

功能要求提出数字孪生流域的建设要能够覆盖水工程调度业务的全过程。以水旱灾害防御为例，数字孪生流域要能够根据模拟结果预报的流域水雨情，自动判断当前水情下的防洪形势，在遵守调度规则的前提下，自动推送需要参与调度的水工程组合并提出水工程蓄（泄）水过程（调度方案），分析不同决策下防洪风险和效益，为防洪目标的防洪调度提供决策支持。

技术要求即在原有水利工程技术上继承性发展，主要体现在以下方面：系统功能通过智慧平台实现迭代；流域模拟和工程调度有机结合，做到预报和调度无缝衔接；由智慧平台自动调度规则库实现目标导向的自动优化；将虚拟与现实相结合，利用可视化工具将风险全面展现。

Q15：数字孪生流域建设的技术特征有哪些？

（1）**虚实映射**。数字孪生流域建设要求在信息空间构造物理流域的数字化表示，现实世界中的物理流域与信息空间中的数字流域能够实现双向映射、数据连接和状态交互。

（2）**实时同步**。基于实时传感等多元数据的获取，数字孪生流域可全面、精准、动态地反映物理流域的状态变化，包括外观、性能、位置、异常情况等。

（3）**共生演进**。在理想状态下，数字孪生所实现的映射和同步状态应覆盖数字孪生流域从设计、生产、运营到报废的全生命周期。

（4）**闭环优化**。建立数字孪生流域的最终目的，是通过描述物理流域内在机理，分析规律，洞察趋势，基于分析与仿真对物理流域形成优化指令或策略，实现对物理流域决策优化功能的闭环。

Q16：目前实现数字孪生流域存在哪些问题?

（1）**全面感知不够**。对各类水利设施的监测远未做到全面感知。

（2）**不能全面互联**。首先是网络覆盖面小，部分县级水利部门至今还不能直接连接水利业务网，基层水利部门无法使用水利信息系统；其次是网络通道窄，由于宽带限制，许多宝贵的数据无法及时传输；最后是上下左右连通不畅，体现为工程控制系统隔离在各个工程管理单位，不同工程的业务系统信息共享和业务协同困难。

（3）**基础支撑不足**。缺乏复合型人才，缺乏数据底板、模型平台和知识平台等的建设标准。

（4）**信息共享不足**。水利系统内部的信息共享不足，与环境保护、交通运输及国土资源等部门之间还不能做到数据共享。

（5）**智能应用不够**。对于新一代信息技术的应用，水利行业总体上还处于初级阶段。大数据、人工智能和虚拟现实等技术尚未得到广泛应用，智慧功能尚未得到充分显现。各种关键技术如知识图谱、业务规则和高阶调度模型有待开发。

Q17：我国对数字孪生流域建设有怎样的规划？

根据水利部制定的"十四五"时期智慧水利重点工作实施方案，流域管理机构、省级水行政主管部门编制本流域、区域智慧水利建设规划或实施方案，按照"全国一盘棋"的思路同步推进，拟于 2030 年前全面建成智慧水利体系 1.0 版、2.0 版，最终实现水利体系数字化、网络化、智能化。具体安排如下：

（1）到 2025 年：建成智慧水利体系 1.0 版。

通过建设数字孪生流域、"2+N"水利智能业务应用体系、水利网络安全体系、智慧水利保障体系，推进水利工程智能化改造，建成七大江河数字孪生流域，在重点防洪地区实现"四预"，在跨流域重大引调水工程、跨省重点河湖基本实现水资源管理与调配"四预"，N 项业务应用信息化水平明显提升。

（2）到 2030 年：建成智慧水利体系 2.0 版。

具有防洪任务的河流全面建成数字孪生流域，水利业务应用的数字化、网络化、智能化水平全面提升。

（3）到 2035 年：各项水利治理管理活动全面实现数字化、网络化、智能化。

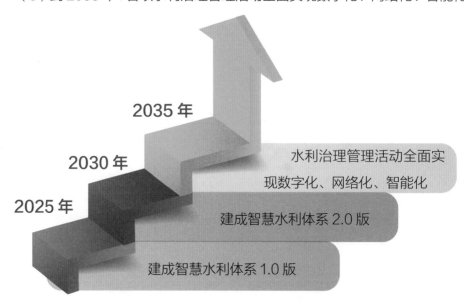

2035 年

2030 年

2025 年

水利治理管理活动全面实现数字化、网络化、智能化

建成智慧水利体系 2.0 版

建成智慧水利体系 1.0 版

Q18：什么是智慧水利？

智慧水利是水利信息化发展的新阶段，也是水利现代化的具体体现，主要指通过水利规划、工程建设、运行管理和社会服务的智慧化，提升水资源的利用效率和水旱灾害的防御能力，改善水环境和水生态，保障国家水安全和经济社会的可持续发展。

Q19：数字孪生流域与智慧水利之间是什么关系？

智慧水利是在以智慧城市为代表的智慧型社会建设中产生的相关先进理念和高新技术在水利行业的创新应用，是云计算、大数据、物联网、传感器等技术的综合应用。智慧水利的科学内涵是人水和谐、兴利除害、云为载体、互联感知。

数字孪生流域是数字孪生技术与水融合的新发展路径，它将信息空间上构建的水利虚拟映像叠加在水利物理空间上，重塑水利基础设施，形成虚实结合、孪生互动的水利发展新形态。

智慧水利建设的主要任务：一是建设数字孪生流域；二是构建"2+ N"水利智能业务应用体系；三是强化水利网络安全体系。可见数字孪生流域是智慧水利建设的一部分，而智慧水利的核心和关键是数字孪生流域。

推进数字孪生流域建设是建设网络强国、数字中国、智慧社会的应有之义，是推进新阶段水利高质量发展的重要举措，更是强化流域治理管理最重要的支撑。同时，智慧水利的建设以数字孪生技术为辅助，高位推动数字孪生流域建设工作有利于推动新阶段智慧水利高质量发展。

Q20：智慧水利的系统架构及各部分组成？

智慧水利框架由数字孪生流域、业务应用、网络安全体系、保障体系等组成。

数字孪生流域是物理流域在信息空间的映射，通过数字孪生平台和信息基础设施实现与物理流域同步仿真运行、虚实交互、迭代优化。其中，物理流域主要包括江河湖泊、水利工程、水利治理管理活动等水利对象及其影响区域。业务应用调用数字孪生流域提供的数据底板、模型平台和知识平台等资源，支撑流域防洪、水资源管理与调配以及 N 项业务应用。网络安全体系为智慧水利建设提供安全管理、安全防护、安全监督等方面的支撑。保障体系为智慧水利建设提供体制机制、标准规范、技术创新、运维体系、人才队伍、宣传与交流等方面的支撑。

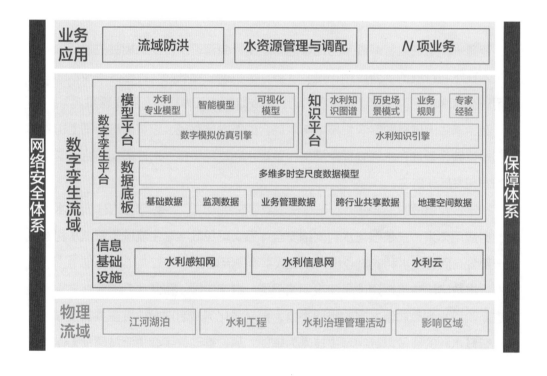

Q21：什么是"四预"？ "四预"有哪些技术要求?

1."四预"

"四预"是指预报、预警、预演、预案

（1）预报。根据业务需求，遵循客观规律，在总结分析典型历史事件和及时掌握现状的基础上，采用基于机理揭示和规律把握、数理统计和数据挖掘技术等数学模型的方法，对水安全要素发展趋势作出不同预见期的定量或定性分析，提高预报精度，延长预见期。

（2）预警。根据水利工作和社会公众的需求，制定水灾害风险指标和阈值，拓宽预警信息发布渠道，及时将预警信息直达水利工作一线，为采取工程巡查、工程调度、人员转移等应急响应措施提供指引；及时将预警信息直达受影响区域的社会公众，为提前采取防灾避险措施提供信息服务。

（3）预演。在数字孪生流域中对典型历史事件、设计、规划或未来预报场景下的水利工程调度进行模拟仿真，正向预演出风险形势和影响，逆向推演出水利工程安全运行限制条件，及时发现问题，迭代优化方案，制定防风险措施。

（4）预案。依据预演确定的方案，考虑水利工程最新工况、经济社会情况，确定水利工程运用次序、时机、规则，制定非工程措施，落实调度机构、权限及责任，明确信息报送流程及方式等，确保预案的可操作性。

2."四预"的技术要求

水利业务"四预"功能基于智慧水利总体框架,在数字孪生流域的基础上建设。预报、预警、预演、预案四者环环相扣、层层递进。其中,预报是基础,预警是前哨,预演是关键,预案是目的,通过水利业务"四预"功能的建设,保持数字孪生流域与物理流域交互的精准性、同步性、及时性,实现"预报精准化、预警超前化、预演数字化、预案科学化"的"2+N"水利智能业务应用。

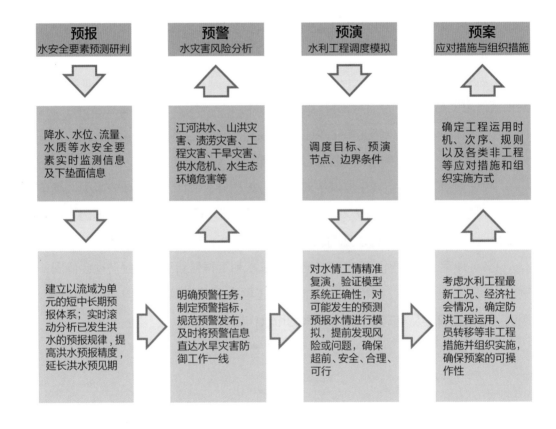

Q22：构建智慧水利的重点任务有哪些?

　　智慧水利通过构建数字孪生流域、"2+N"水利智能业务应用体系、水利网络安全体系，推进水利工程智能化改造，建成七大江河数字孪生流域，在重点防洪地区实现"四预"，在跨流域重大引调水工程、跨省重点河湖基本实现水资源管理与调配"四预"。

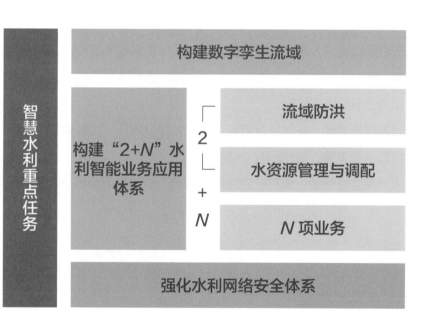

1. 构建数字孪生流域

根据推动新阶段水利高质量发展的部署，按照"需求牵引、应用至上、数字赋能、提升能力"的要求，调动各流域管理机构、地方水利部门、有关工程管理单位和社会力量，协同构建"物理分散、逻辑集中、高度共享、虚实交互"的数字孪生流域，支撑水利治理管理活动实现预报、预警、预演、预案（"四预"），为智慧水利建设提供统一的平台支撑。

2. 构建水利智能业务应用体系（"2+N"）

"2+N"水利智能业务应用体系主要指流域防洪、水资源管理与调配以及 N 项业务。

流域防洪：以流域为单位，在国家防汛抗旱指挥系统的基础上，构建覆盖全国主要江河流域的数字化映射，主要包含构建洪水防御数字化场景、建设洪水防御应用、建设旱情防御应用等任务。

水资源管理与调配：在国家水资源监控能力建设项目、国家地下水监测工程的基础上，完善水资源管理与调配数字化场景，整合取水许可审批、水资源税等信息系统以及水资源监管预警、调配管理决策等功能，搭建取用水管理政务服务与调配综合平台。

N 项业务：包括水利工程建设和运行管理、河湖长制及河湖管理、水土保持、农村水利水电、节水管理与服务、南水北调工程运行与监管、水行政执法、水利监督、水文管理、水利行政、水利公共服务等。

3. 强化水利网络安全体系

强化网络安全管理，开展安全改造应用试点，提升关键信息基础设施的安全能力；完善网络安全技术；加强网络安全监督，构建网络常态化运营机制，形成闭环安全运营体系，开展实战化攻防演练。

技术篇
JISHU PIAN

Q23：如何搭建信息基础设施的水利感知网？

在传统水利监测设施的基础上，对现有监测手段的空间维度进行扩展和延伸，形成面向江河湖泊、水利工程、水利治理管理活动等对象的天、空、地一体化的水利感知网。完善监测手段是构建水利感知网的主要内容。

水利感知网			
建设基础	传统水利监测设施		
应用技术	智能感知技术		通信技术
空间维度	航天、航空、地面、地下、水下等		
涉及尺度	包括点、线、面等在内的涉水对象属性及环境状态		
面向对象	江河湖泊、水利工程、水利治理管理活动等		
监测手段	站网监测	遥感监测	视频监测	应急监测
建设单位	水利部	流域管理机构	省级水利部门	工程管理单位

完善监测手段有如下途径：

（1）站网监测。根据业务需要，进一步完善现有监测站网雨情、水情、工情监测站点，合理新建站点，考虑模型和参数率定等因素，明确各类数据采集方式、采集范围和采集频次。

（2）遥感监测。建立以公益卫星为主、商业卫星为辅，各级充分共享的卫星遥感监测机制。

水利部本级建设遥感数据接收处理服务平台，用于接收中国资源卫星应用中心共享的卫星影像资源，并向流域管理机构和省级机构共享原始遥感影像，提供遥感影像基础处理服务；流域管理机构建设遥感数据接收处理服务平台，接收水利部遥感影像，开展遥感数据处理、解译分析，生产面向水利业务的遥感分析解译等产品；各级单位采用无人机进行巡查、自动巡飞、航空摄影测量、测流、水质采样等作业作为补充。

（3）视频监测。完善形成覆盖水利部本级、流域管理机构、省级机构和工程管理单位四级的视频级联集控平台，整合已建、在建、拟建视频摄像头和管理平台，纳入视频级联集控平台的统一管理和共享调用，其中重要时间节点、重大防汛事件期间的视频监控应同步推送到水利部数字孪生平台。

（4）应急监测。根据实际情况需要，可补充巡测车、水下机器人、车载三维激光扫描仪、无人机（船）、应急遥感等快速、高精度、便携、多要素的监测设备，实现在突发水灾害（堰塞湖、溃堤溃坝等）、水污染或水生态事件等情况下的应急监测与实时处置，为应急决策提供及时的信息支撑。

Q24：如何搭建信息基础设施的水利信息网?

　　水利部、各流域管理机构、工程管理单位依托国家电子政务网络、租赁公共网络、利用卫星通信等多种方式，构建连通水利部本级、流域管理机构、省、市、县以及工程管理单位等的水利信息高速传输网络，支持日常通信传输和应急通信服务保障。水利信息网需要各级部门合作从水利业务网和水利工控网两大组成部分进行建设。

水利信息网	水利业务网	覆盖范围	依托现有水利业务网和国家电子政务外网，进一步完善业务网络,实现水利部本级、流域管理机构及省、市、县等各级水行政主管部门与相关单位的全面互联。
		网络带宽	水利业务网骨干网带宽应满足监视视频、会议视频、遥感影像等各类信息在节点间及时、高效地传输、交换，保障水利业务应用带宽新需求。
		互联网	扩大互联网连接带宽，实现与社会公众、企业的信息交互与服务。整合共享互联网接入，缩减互联网接入端口的数量。
		动态配置	在实现互联互通的基础上，按照业务和用户需求，对网络流量进行自适应引导和质量保证，并且对路由形成冗余保护，提高业务灵活调度能力，改善用户体验感受。
	水利工控网		参照关键信息基础设施安全要求，建设与外界网络物理隔离的工控网，保障工程调度控制的安全运行，并将信息通过单向网闸传输汇集至上级管理机构。

Q25：如何搭建信息基础设施的水利云？

水利云建设需要由不同的水利管理部门合作共同完成。

一级水利云：水利部本级建设一级水利云水利部本级节点，推进同城双活主中心和两个异地灾备中心建设；各流域管理机构在水利部本级建设的基础上，升级扩容高性能计算存储资源，建立流域管理机构一级水利云节点。

二级水利云：省级水利部门应根据需要，充分整合利用已有基础设施资源，建设计算存储能力，充分依托地方政务云，实现同城和异地灾备，进一步扩展优化机房环境、提档升级计算存储设备，建设完善视频会议系统和会商调度中心。

补充扩展：工程管理单位根据数字孪生水利工程的需要，充分整合利用已有的基础设施资源，补充建设计算存储能力，进一步扩展优化机房环境、提档升级计算存储设备，建设完善会商调度中心。

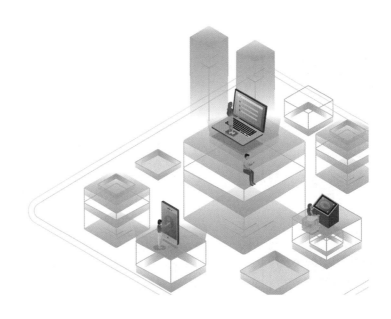

Q26：如何完善水利信息基础设施？

构建天空地一体化水利感知网

利用传感、定位、视频、遥感等技术，扩大江河湖泊水系、水利工程设施、水利管理活动等的监测范围，补充完善监测要素和内容，实现感知物联化。

推进国家水网智能化改造

推进传统水利工程向新型水利基础设施转型，推进数字孪生工程建设，不断提升国家水网工程智能化，全面提高国家水网智慧化调度、控制与安全保障水平。

建设常规应急兼备水利通信设施

以卫星通信应用为重点，依托国家公用通信网络，优化水利通信专网，全面提升水利基层单位和监测站点的应急通信能力。

完善泛在互联水利业务网

基于 5G、微波、卫星通信等技术，优化网络结构，升级改造网络核心设备，增强资源动态调配能力，构建全面互联互通的水利业务网。

建设多算力融合水利云

建设公有云和专有云有机统一的水利云，形成逻辑一致、服务统一、物理分散的基础设施资源格局，为智慧水利提供算力。

搭建集约、高效的基础环境

充分整合利用已有的基础设施资源，进一步优化完善水利会商中心和视频会议系统，开展设备设施升级换代，搭建集约、高效的基础环境。

Q27: 怎样构建数字孪生平台的数据底板?

数据底板的建设主要借助 3S、物联网、BIM 等信息技术,通过对流域基础信息的采集、汇聚,在数字空间虚拟再现真实的流域,数据底板的构建通过两步实现:

1. 构建数据资源池

利用 3S 技术和物联网技术等将水雨情实时监测数据、工情实时监测数据、流域地形三维空间、水利工程三维数据、视频流等利用水利信息网的传输形成各类数据服务专线,然后通过数据交换与集成平台传输形成数据资源池。

数据资源池主要包括基础数据库、监测数据库、多媒体数据库、空间数据库、业务数据库等。

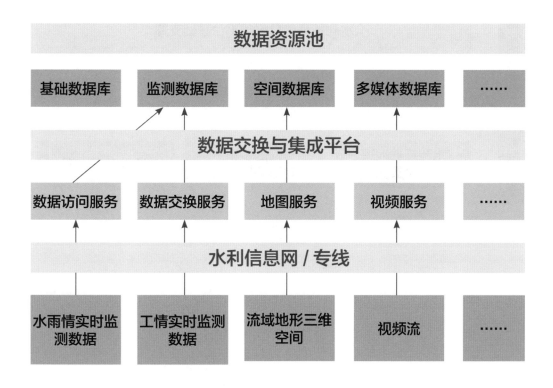

2. 空间数据底板建设

空间数据库建设在水利基础地理信息数据、河湖资源地理信息数据、流域空间数据的基础上，以流域地形三维可视化场景为基底，嵌入重点工程对象三维模型作为展现底板。

| 数据呈现 | 流域地形
三维可视化场景 | + | 重点工程对象
三维模型 |

| 数据处理 | 水利地理信息服务平台基础支撑 |

| 数据采集 | 水利基础地理
信息数据 | 河湖资源
地理信息数据 | 流域空间数据 |

Q28：怎样对数据底板中的数据进行治理?

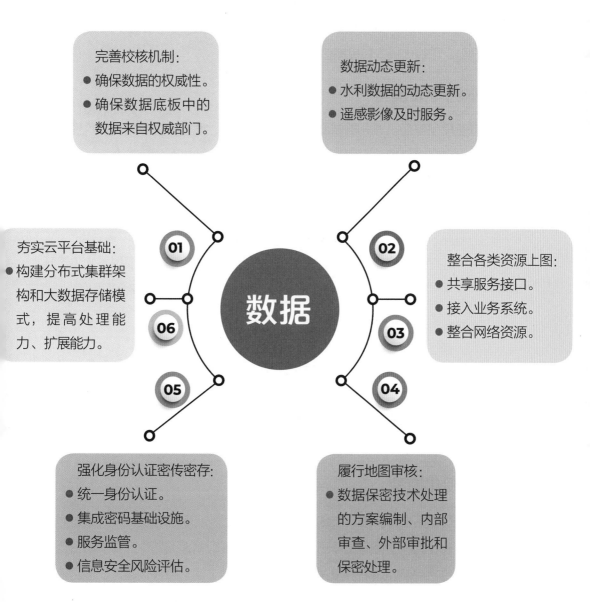

完善校核机制:
- 确保数据的权威性。
- 确保数据底板中的数据来自权威部门。

数据动态更新:
- 水利数据的动态更新。
- 遥感影像及时服务。

01

02

夯实云平台基础:
- 构建分布式集群架构和大数据存储模式，提高处理能力、扩展能力。

整合各类资源上图:
- 共享服务接口。
- 接入业务系统。
- 整合网络资源。

06

数据

03

05

04

强化身份认证密传密存:
- 统一身份认证。
- 集成密码基础设施。
- 服务监管。
- 信息安全风险评估。

履行地图审核:
- 数据保密技术处理的方案编制、内部审查、外部审批和保密处理。

Q29：如何构建数字孪生平台中的模型平台？

按照"标准化、模块化、云服务"的要求，制定模型平台开发、模型调用、共享和接口等技术标准，保障各类模型的通用化封装及模型接口的标准化，以微服务方式提供统一调用服务，供各级单位进行调用。模型平台主要包括水利专业模型、智能识别模型、可视化模型和模拟仿真引擎。

1. 水利专业模型

水利专业模型包括机理分析模型、数理统计模型、混合模型等三类。机理分析模型是基于水循环自然规律，用数学语言和方法描述物理流域的要素变化、活动规律和相互关系的数学模型；数理统计模型是基于数理统计方法，从海量数据中发现物理流域要素之间的关系并进行分析预测的数学模型；混合模型是将机理分析与数理统计进行相互嵌入、系统融合的数学模型。

按照具体的应用场景，水利专业模型主要有水文模型、水资源模型、水生态环境模型、水力学模型、泥沙动力学模型、水土保持模型、水利工程安全模型等。

2. 智能识别模型

智能识别模型将人工智能与水利特定业务场景相结合，实现对水利对象特征的自动识别，进一步提升水利感知能力。智能识别模型主要是利用人工智能方法从遥感、视频、音频等数据中自动识别水利对象特征，包括遥感识别、视频识别、语音识别等。

3. 可视化模型

可视化模型包括自然背景、流场动态、水利工程、水利机电设备等，通过对各类模型进行可视化构建，面向具体的业务应用真实展现物理流域中各种水利业务场景。自然背景包括河流、湖泊、侵蚀沟、地下湖、地下河、植被、建筑、道路等；流场动态包括水流、泥沙运动、潮汐、台风等；水利工程包括水库、水闸、堤防、水电站、泵站、灌区、调水、淤地坝等；水利机电设备包括水泵、启闭机、闸门等。

4. 模拟仿真引擎

模拟仿真引擎以数据底板为基础，以虚拟现实（virtual reality，VR）、增强现实（augmented reality，AR）、混合现实（mixed reality，MR）和全息现实（holographic reality，HR）为支撑，实现数字孪生流域与物理流域同步仿真运行，包括模型管理、场景配置、模拟仿真等功能。

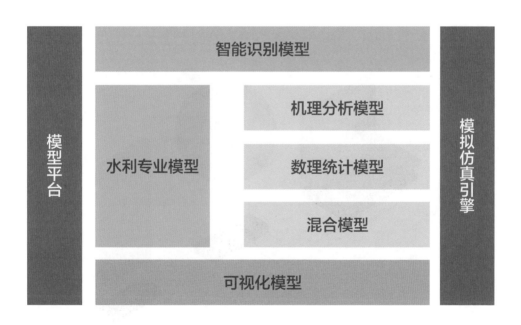

Q30：如何构建数字孪生平台中的知识平台？

知识平台利用知识图谱和机器学习等技术实现对水利对象关联关系和水利规律等知识的抽取、管理和组合应用，为数字孪生流域提供智能内核，支撑正向智能推理和反向溯因分析，主要包括水利知识和水利知识引擎。其中，水利知识提供描述原理、规律、规则、经验、技能、方法等的信息，水利知识引擎是组织知识、进行推理的技术工具，水利知识经知识引擎组织、推理后形成支撑研判、决策的信息。知识平台应关联到可视化模型和模拟仿真引擎，实现各类知识和推理结果的可视化。

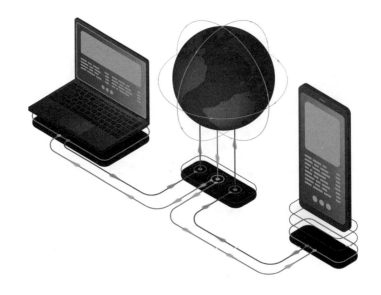

Q31: 如何在数字孪生流域中实现水利业务统一调度?

实现数字孪生平台对水利业务统一调度的核心是搭建集约、高效的基础环境。

1. 优化水利会商中心

全面建设水资源统筹调配、水工程联合调度、水行政综合监管于一体的水利会商中心。

2. 优化视频会议系统

建设水利视频会议云平台,为各类业务应用提供云视频资源调度能力,实现视频会议会商。利用一体化视频会议终端,延伸视频会议系统至乡镇级水利部门、小型水利工程管理单位等,实现双向视频会议。

3. 设施设备升级换代

依托信息技术创新发展,对各级水利部门信息化办公设备设施、应急通信设施、水利监管设施设备等进行国产化升级换代,提升信息化技术装备和安全可靠水平。

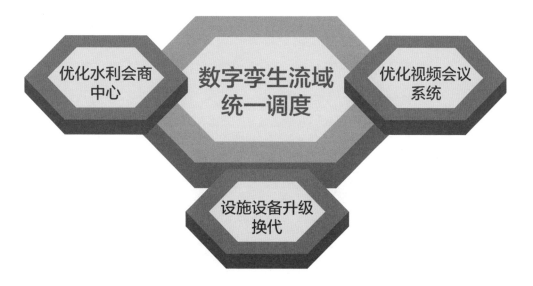

Q32：如何对数字孪生流域进行设备维护？

数字孪生流域的建设并非是一劳永逸的，为了确保数字孪生流域的准确性、孪生性等，需要定期从数据层、模型层及应用层三方面对数字孪生流域进行设备维护，确保数据库的及时更新、模型状态的健康诊断以及应用设备的正常运行。

应用层	设备检测、异常报警、寿命预测、维修规划、备件管理、健康评估、故障定位、故障预警、远程调度、增值服务
模型层	状态监测、远程诊断、故障预测、健康管理、学习提升等模型
数据层	几何数据、功能数据、现场设备数据、现场环境数据、物理数据、工艺数据、历史状态数据、历史维护数据

Q33: 如何利用数字孪生流域实现"四预"?

在水旱灾害防御工作中需要强化"预报、预警、预演、预案"措施的有力落实。其中,"预报"主要包括明确任务、编制方案作业预报等,"预警"主要包括明确任务、制定指标、发布预警等,"预演"主要包括构建预演场景、模拟仿真、制定和优化调度方案等,"预案"主要包括工程调度运用、非工程措施制定、组织实施等。以流域防洪为例,利用数字孪生流域实现"四预",主要从四个方面实施:①提高洪水预报精度;②推动现代气象、水文技术在洪水预报中的应用;③选择试点建立流域防洪模式;④修订完善超标准洪水防御预案。

提高洪水预报精度

推动现代气象、水文技术在洪水预报中的应用

试点建立流域防洪模式

修订完善超标准洪水防御预案

通过构建水库分布式模型预报方案以及模拟推演历史洪水,提高水库洪水预报方案精度,全面查找流域防洪短板并制定应对措施。

充分利用现代化气象、水文技术,积极探索在水资源综合利用与保护、水生态修复等方面的合作方式与途径,为洪水预报探索新思路,提高洪水预警能力。

选择流域典型区域,开展流域河湖水文映射试点建设,试点建立流域防洪"四预"工作模式,完善河系预报调度一体化平台,构建智慧防汛系统,并依托此系统开展洪水防御演练。

每隔相应时间对流域各水系超标准洪水防御预案进行修订,分析超标准洪水量级、可能造成的灾害范围,对超标准洪水调度作出安排,并编制应对策略,为防御洪水提供科学指南。

Q34：实现数字孪生流域的关键技术包括哪些?

数字孪生流域的构建必须包括以下主要关键技术:

1.BIM 设计

在设计阶段，数字孪生流域的关键技术是 3D 建模和仿真。通过计算机辅助设计 (computer aided design, CAD) 软件、建筑信息模型 (building information modeling, BIM) 软件、计算流体动力学 (computational fluid dynamics, CFD) 软件等工具实现设计阶段的数字孪生模型。在此阶段需要用 CAD 或 BIM 模型查看水利工程中水库或河道整治工程不同的布局方案，来验证不同方案的合理性，从而提高设计效率、优化设计方案，为选择最佳设计方案提供依据。

2. 无人机倾斜摄影

倾斜摄影是摄影机主光轴明显偏离铅垂线或水平方向并按一定倾斜角进行的摄影，用于制作数字高程模型 (digital elevation model, DEM) 正射影像。通过相应的倾斜影像数据处理软件，对采集到的倾斜影像进行预处理，包括调色、纠偏、校正、镶嵌以及融合等一系列处理，生成符合应用需求的倾斜影像数据结果。

3. 机理数学模型

机理数学模型的建设需要满足防汛减灾、水资源管理与调度、水资源保护、水土保持和流域规划等部门及相关决策层的需求，可支持数字孪生模型的建设。目前已开发出大量的气象预报、流域产流产沙、洪水预报、河冰预报、水库调度以及河道演进等基于不同理论背景的不同空间层次的数学模型。

4.GIS+ 融合

GIS+ 融合指的是将基于实体创建的水利工程数字资产对接到地理空间的过程。模型导入地理空间系统后，在地理空间系统中完成建筑物外部地理信息、实体几何信息及挂接的属性信息的整合，采用编码确定唯一对应关系的方式，建立实体与地理空间数据的关联，将工程从建设到运行全生命周期中产生的过程数据集成到地理空间系统的实体模型中，通过实体＋地理空间数据共享服务平台进行数据服务发布，全方位支撑数字资产运维。

5. 数字孪生流域模型构建

数字孪生流域模型的基础是水文预报、水库调度、洪水演进及灾情评估模型，它将气象、水文、水动力和社会经济等作为一个整体，应用系统分析原理和方法，对降雨产汇流、水工程调度、洪水演进、泥沙冲淤、河床演变、滩区淹没、下游河道冲淤变化、河势演变等水动力过程及其与河床和环境的反馈关系进行理论概括和数量分析，继而建立相应的数学模型，进行水雨情过程的实时定量模拟。

BIM 设计
查看水利工程中水库或河道整治工程不同的布局方案，来验证不同方案的合理性。

无人机倾斜摄影
通过相应的倾斜影像数据处理软件，对采集到的倾斜影像进行预处理，制作数字高程模型正射影像。

实现数字孪生流域的关键技术

GIS+ 融合
将基于实体创建的水利工程数字资产对接到地理空间，通过实体＋地理空间数据共享服务平台进行数据服务发布。

机理数学模型
需要满足防汛减灾、水资源管理与调度、水资源保护、水土保持和流域规划等部门及相关决策层的需求，支持数字孪生模型的建设。

数字孪生流域模型构建
应用系统分析原理和方法，建立相应的数学模型，进行水雨情过程的实时定量模拟。

Q35：什么是 BIM 应用系统？

　　BIM 应用系统是通过数字信息仿真模拟建筑物所具有的真实信息的全新信息化管理系统。它以建筑工程项目的各项相关信息数据作为基础，建立建筑模型，通过数字信息仿真，以三维数字技术为基础，通过集成建筑工程中提供的数据信息，模拟建筑物具有的真实信息。

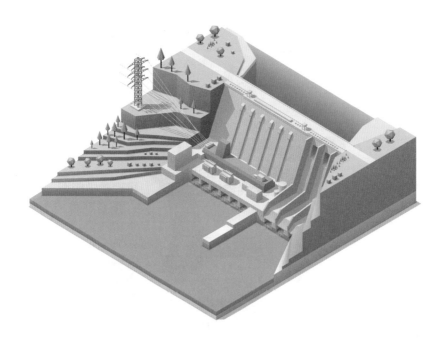

Q36：BIM 应用系统在数字孪生流域构建过程中起什么作用?

　　BIM 应用系统通过数字建模来设计流域的数字孪生模型，是连接物理流域和数字孪生流域之间的技术纽带和基础。随着大数据、物联网和人工智能等新兴技术的不断成熟，BIM 技术作为载体融合流域基础特征的各项数据，可以大幅提升水利行业的数字化水平，其强大的数据集成和协同管理能力可为数字孪生流域提供重要的技术支撑，是数据底板构建的关键技术。

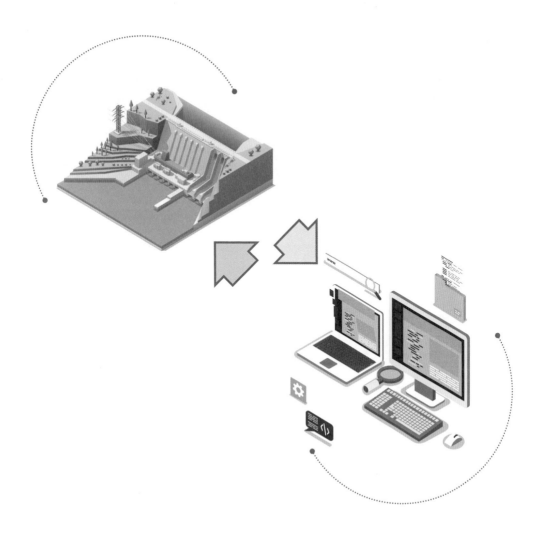

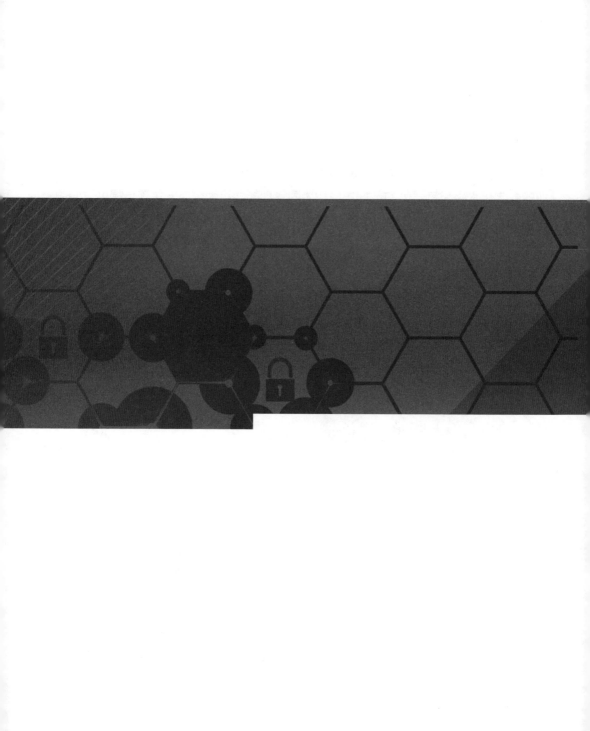

应用篇

YINGYONG PIAN

Q37：如何从不同视角阐述数字孪生流域的应用过程？

从功能、部署两个视角阐述数字孪生流域的应用过程。

功能视角是从数字孪生流域的实际功能出发，分为描述、诊断、预测和决策不同的功能等级。描述是指概化流域的特征，以了解实际情况；诊断是指可以利用数字孪生流域更好地评估当前工程布局中存在的隐患，为以后的工作建立基础；预测是指对流域未来可能发生的降水、径流等水情过程进行预报；决策是指当面临重大水情时，决策者利用数字孪生流域模拟效果，采取正确的防洪措施。

部署视角是从重大项目的不同阶段出发，按顺序依次为构想提出、方案确定、试运行、产业化及效果后评价五个阶段。首先单位或部门组织根据项目的工程规模、地理位置等基础资料，提出建立工程的预想方案；然后根据专家的建议和实际考察确定方案的可行性；其次，利用数字孪生流域对所确定的方案进行模拟，找出方案中的不足，经过多次模拟仿真完善方案，并将方案应用于物理流域进行调度实施，实现其产业化；在方案稳定运营之后，将方案的运行情况与预期结果进行比较和评估。

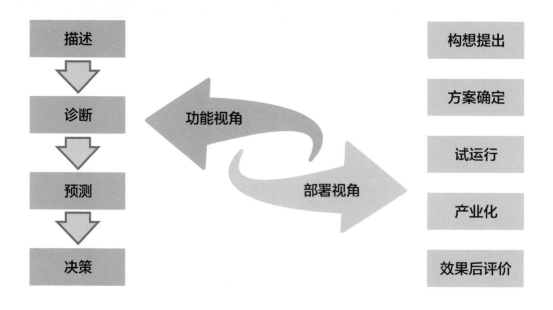

Q38：怎样利用数字孪生流域实现水资源调度？

通过构建水资源管理与调配数字化场景来实现水资源的调度。

在水资源管理层面，根据工程间及控制断面的时空拓扑关系与水量统一调度要求，构建涵盖多对象、多层级、多属性单元的流域供水知识体系。建立工程与调度对象的调度映射关系，构建供水工程联合调度运用的知识图谱，支撑流域水资源调度决策。从蓄水层、取水层、用水层和控制层四个方面进行水资源的统一调度。

在调配数字化场景层面，充分利用已有的一维、二维水动力模型等通用模型，补充建设水量调度模型、来水预测模型、常规和应急水力计算模型、联合水力调控模型、渠池评价模型、地下水数值模拟模型等。通过可视化技术，实现河流、水库等在数字化场景中的真实再现，构建水资源管理与调配应用场景。以支撑水资源管理、水资源调度评价、水资源调度方案编制及预演、调度实时监测和调度指令执行等业务应用。

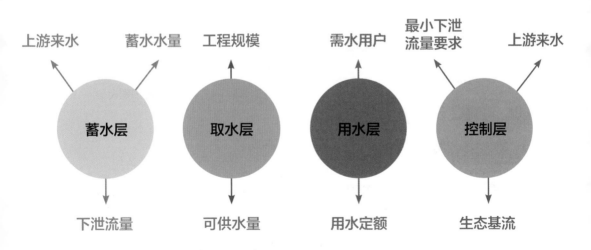

供水知识图谱基本单元

Q39：怎样利用数字孪生流域实现流域径流预测？

基于数字孪生流域的径流实时预测系统由物理层、感知层、传输层、数模层和决策层五个部分组成。

物理层是径流实时预测系统的实体基础，主要为预报断面或站点控制范围内的实时监测站网，包括水文（水位）站、雨量（蒸发）站等。物理层是预测系统的主要信息源，可为感知层提供实测水位、流量、降雨、蒸发等信息。

感知层主要作为数字孪生体系信息接入的媒介，由预报断面或站点覆盖范围内的各类传感器、卫星雷达等监测设备组成，用于收集数据的实时信息，感知系统所处环境的复杂变化，保障数字孪生流域的正常运行。

传输层是实现数字孪生拓扑结构的关键纽带，主要由以太网和交换机组成，实现数据存储和传输功能。

数模层是数字孪生流域的核心，也是实现径流实时预测的关键。数模层根据模型结构和预测目标调用传输层的数据进行模型计算、学习和分析，获得相应径流预测结果，为决策层提供制作综合调度方案的依据。

决策层是保障流域防洪安全的重要窗口。决策层根据数模层输出的径流预测结果，制作综合调度方案，用以指导水库、圩垸、蓄滞洪区等水利工程科学调度，切实保障流域防洪安全和水资源高效利用。

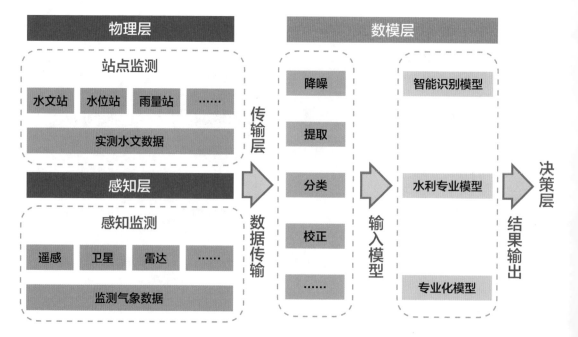

Q40：数字孪生流域关键应用——应急避险转移辅助功能

数字孪生流域在防洪过程中最关键的一个辅助功能是应急避险转移辅助功能，在数字孪生平台的支撑下，通过输入各种实时数据和应急避险预案，仿真模拟应急事件的多种可能性，研判不同条件下应急事件发展的不同走向并实时动态规划转移路线，实现防洪应急避险转移。应急避险转移辅助功能的性能要求和避险流程如下所示。

1. 应急避险性能要求

数字孪生流域应急避险功能的实现对数字孪生平台提出了以下性能方面的要求。

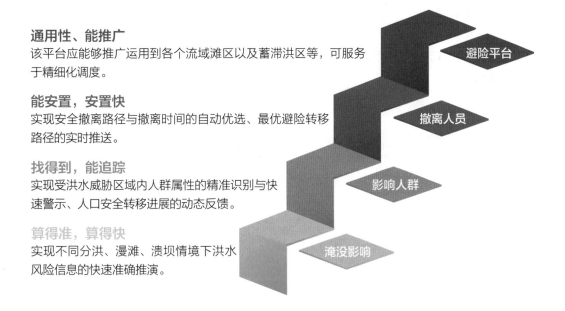

通用性、能推广
该平台应能够推广运用到各个流域滩区以及蓄滞洪区等，可服务于精细化调度。

能安置，安置快
实现安全撤离路径与撤离时间的自动优选、最优避险转移路径的实时推送。

找得到，能追踪
实现受洪水威胁区域内人群属性的精准识别与快速警示、人口安全转移进展的动态反馈。

算得准，算得快
实现不同分洪、漫滩、溃坝情境下洪水风险信息的快速准确推演。

避险平台

撤离人员

影响人群

淹没影响

2. 应急避险流程

在满足应急避险性能要求的基础上，数字孪生流域的应急避险功能按照以下流程实现。

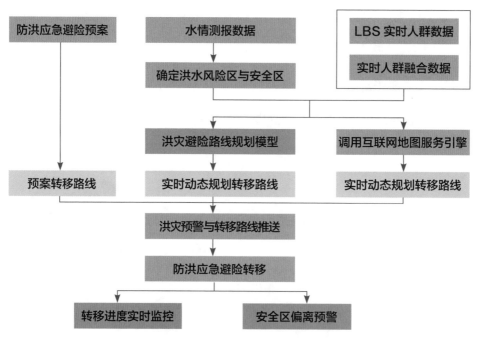

（图片来源于第四届水利科学发展前沿学术研讨会黄艳高级工程师和郭生练教授讲座）

Q41：水利行业数字孪生先行先试工作部署

2022 年 2 月 21 日，水利部印发《水利部关于开展数字孪生流域建设先行先试工作的通知》，正式启动数字孪生流域先行先试工作，计划用 2 年时间，在大江大河重点河段、主要支流开展数字孪生建设先行先试工作，在重要水利工程开展数字孪生水利工程先行先试工作。

自 2022 年 5 月 18 日以来，水利部网络安全和信息化领导小组办公室（以下简称部网信办）联合各流域管理机构，完成了全部 56 家先行先试单位 94 项任务的数字孪生流域（水利工程）建设先行先试实施方案审核工作，这标志着数字孪生流域建设先行先试工作全面进入实施阶段。

数字孪生流域先行先试台账表

管理机构	水利部本级	长江水利委员会	黄河水利委员会	太湖水利委员会	淮河委员会	松辽水利委员会	海河水利委员会	珠江水利委员会
项目数	4	22	17	16	9	7	9	10

为及时总结先行先试经验，提炼形成可复制可推广成果，加快推进数字孪生流域建设，部网信办按照《水利部关于开展数字孪生流域建设先行先试工作的通知》（水信息〔2022〕79 号）要求组织并完成了先行先试中期评估，同时对 56 家单位申报的 84 项应用案例把关验收。2023 年 2 月，水利部办公厅下发文件公布了《数字孪生流域建设先行先试应用案例推荐名录（2022 年）》（以下简称《推荐名录》），《推荐名录》包括 47 项应用案例。

Q42：水利行业数字孪生开山之作——大藤峡数字孪生工程

2021 年 12 月 21 日，我国水利行业第一个数字孪生水利工程——大藤峡数字孪生工程建设宣告正式启动，对贯彻落实水利部党组决策部署，试点建设数字孪生水利工程，推进数字孪生技术在水利行业落地应用具有里程碑意义。

广西大藤峡水利枢纽开发有限责任公司提出了"一台双赋三化四预"的大藤峡数字孪生工程建设总体目标。"一台"是指建设一个数字孪生平台；"双赋"是指对工程建设管理与工程运营管理双向赋能；"三化"是指支撑公司标准化、专业化、精细化管理；"四预"是指基于大藤峡工程防洪、航运、发电、水资源配置、灌溉等五大功能，开展预报、预警、预演、预案研究与应用。

广西大藤峡水利枢纽开发有限责任公司主导的"大藤峡防汛与水量调度'四预'平台研发及应用"入选《推荐名录》。该案例从工程调度出发，以提升预报精度和预见期、实现调度精细化与灵活性为目标，在平台上完成了态势感知一张图，实现预报形势一键分析、预警提示一线直达、预演模拟一览全局、预案行动一目了然，在西江第 4 号洪水防御和西北江错峰调度过程中发挥了作用。

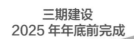

三期建设
2025 年年底前完成

二期建设
2023 年年底前完成

一期建设
2022 年汛前完成

建成大藤峡数字孪生工程，实现智慧化运营和精细化决策支持

基本建成大藤峡数字孪生工程，实现数字孪生场景下的工程安全管理和库区岸线管理

构建模型服务平台，初步打造具有"四预"功能的防洪体系

Q43：应用案例——数字孪生长江

数字孪生长江是在长江流域现有水文基础设施上，通过升级改造数字化场景，利用知识图谱和机器学习等技术，耦合机理模型，基于智慧水利建设总体框架，以流域水旱灾害防御为主要目标，兼顾水资源、水生态等调度和管理需求，构建的具有"四预"功能的数字孪生体系。

长江水利委员会积极施行先行先试工作，2021 年以汉江、澧水两个流域，三峡库区和城陵矶两个河段，以及丹江口、江垭、皂市三个工程为试点。在试点建设中，由长江水利委员会主导的"数字孪生汉江防洪智能调度技术"和"三峡大坝左厂 1#~5# 坝段 BIM"入选《推荐名录》。

"数字孪生汉江防洪智能调度技术"旨在提升流域防洪的智慧化模拟和精准化决策水平。长江水利委员会通过自主研发通用水库调度规则库构建技术，构建不同预见期洪水情势智能形成调度方案和推荐调度策略的计算引擎，实现基于下游防洪目标控制对水库调度方式的优化调整以及分蓄洪调度预案的效果及风险快速评估。

数字孪生汉江防洪智能调度技术目标

自主研发可推广应用的通用水库调度规则库构建技术	构建不同预见期洪水情势智能形成调度方案和推荐调度策略的计算引擎	构建水库、分蓄洪区对下游控制站点的调度影响关系知识图谱
实现防洪工程调度方案的"数字化、逻辑化、规则化"	支撑汉江流域水工程"联合"及"智能"调度	实现基于下游防洪目标控制对水库调度方式的优化调整以及分蓄洪调度预案的效果及风险快速评估

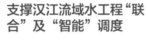

Q44：应用案例——数字孪生黄河

2001 年，时任黄河水利委员会主任李国英提出建设"三条黄河"，即"原型黄河""模型黄河"和"数字黄河"。在"三条黄河"建设的基础之上，水利部提出了建设数字孪生黄河。数字孪生黄河是基于 GIS+BIM、物联网、卫星遥感、无人机、视频监控等信息技术，运用数字孪生等信息技术，打造同步仿真运行的数字孪生流域。

黄河水利委员会积极开展先行先试工作，其主导的"数字孪生黄河建设关键技术研究与应用"和"黄河工情险情全天候监测感知预警系统"入选《推荐名录》。其中，"数字孪生黄河建设关键技术研究与应用"从数字孪生黄河搭建的关键节点（即"物联感知—场景搭建—模型驱动—引擎仿真—业务应用"）入手，进行关键技术的突破，建成防汛调度和工程安全相结合的"四预"应用，并结合 2022 年黄河调水调沙和汛期洪水过程开展了智慧化模拟，在实战应用中初步发挥"四预"功能。

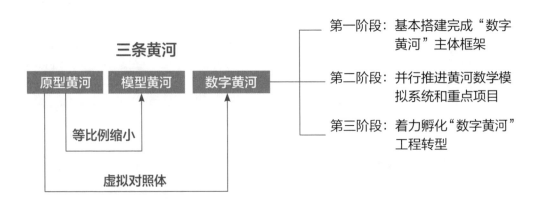

Q45：应用案例——数字孪生珠江

数字孪生珠江是珠江水利委员会依托珠江流域防汛抗旱指挥系统、国家水资源监控能力建设等项目，在流域范围内形成的支持监测预警、洪水预报、指挥调度、综合决策、应急处置的防汛抗旱信息保障体系。

珠江水利委员会以"珠江水旱灾害防御'四预'平台"为试点展开先行先试工作，并入选《推荐名录》。该案例以西江流域为单元，基于基础设施，研发了多功能、高精度、多尺度、全链条的"四预"平台，支撑珠江水利委员会成功防御 2022 年年初珠江流域 60 年一遇干旱，以及 2022 年西江 4 次、北江 3 次编号洪水。

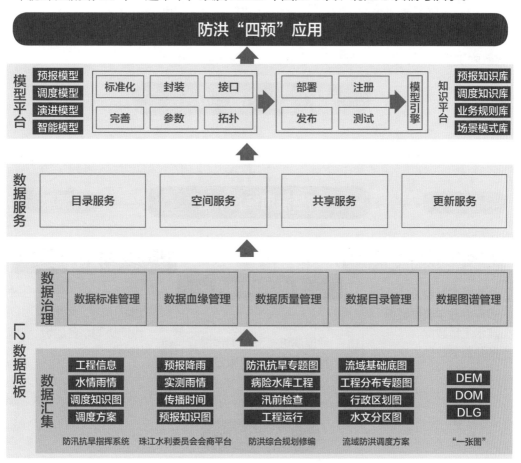

西江防洪"四预"系统技术路线图

Q46：应用案例——数字孪生淮河

2022 年年初，水利部淮河水利委员会印发《淮委"十四五"时期推进数字孪生淮河建设实施方案》。数字孪生淮河从数据—存储—服务—应用四个层次出发，通过融合流域机理模型和地形地貌、水体、河道、植被、建筑、设备、产业经济活动等多元空间融合大数据信息，对不同时空状态下多专业数据实时接入与探索性时空关联分析，支撑淮河流域不同时空尺度下水资源、水安全、水环境、水生态、水经济过程智慧化管理。

淮河水利委员会积极推进数字孪生淮河建设的先行先试工作，"数字孪生淮河防洪'四预'系统应用技术" 入选《推荐名录》。该案例聚焦王家坝以上防洪"四预"关键技术难题，构建了基于高精度算据、高精准算法和高性能算力的防洪"四预"平台，实现数字化场景下防洪"四预"全链条在线协同模拟，在 2022 年淮河多场次暴雨洪水防御、2022 年淮河洪水复盘分析等得到应用。

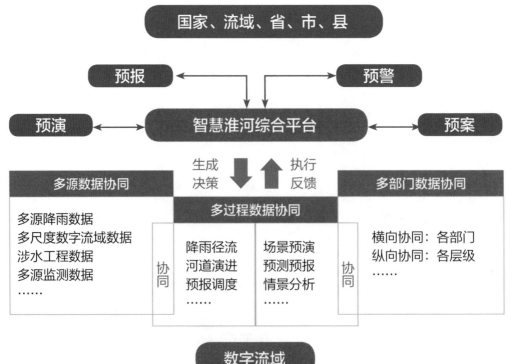

Q47：应用案例——数字孪生松辽

2022 年，水利部松辽水利委员会（以下简称松辽委）正式印发实施《数字孪生松辽建设实施方案（2021—2025）》。数字孪生松辽是利用数据底板建设、专业预报调度模型建设、知识库建设、预报调度一体化等专业技术，基于数字孪生构建的松辽流域水工程防灾联合调度系统。

松辽委紧紧围绕流域水利中心工作，全面推进水利信息化建设，初步建成水利信息化基础设施、水利业务应用和水利信息化保障环境组成的水利信息化综合体系。在监测感知、基础设施、信息资源、应用支撑、业务系统和网络安全方面均已为数字孪生松辽的后期建设提供了基础支撑。

水利信息化综合体系数字孪生松辽	监测感知	整合了实时雨水情、取用水户、水质断面、地下水、重要工程视频等监测信息
	基础设施	已建成覆盖互联网、政务外网和政务内网的计算机网络系统
	信息资源	初步建成水利一张图地理信息共享平台
	应用支撑	已形成包括松辽流域超标准洪水预案，洪水调度方案，松花江水量应急调度预案等在内的方案预案体系
	业务系统	建设了涵盖水旱灾害防御、水资源管理、水土保持和工程管理等 105 个应用系统的业务平台
	网络安全	松辽委政务内网、外网网络安全体系基本建成，已基本完成国产化改造

Q48：应用案例——数字孪生海河

2022 年海河水利委员会印发《数字孪生海河建设实施方案（2021—2025 年）》，并将数字孪生海河建设作为"十四五"时期的重点工作。数字孪生海河是为海河流域水安全保障提供"自动监测、及时传输、智能分析、智慧调度、安全管控"的信息化技术手段，它主要通过完善流域水管理的"四预"功能，构建全流域水土保持数字化场景，实现流域水土保持业务应用，从而提升海河流域水利工程的监管能力。

海河水利委员会以永定河作为试点开展先行先试工作，完成"永定河水资源实施监控与调度系统（数字孪生永定河 1.0）"，并入选《推荐名录》。该案例初步实现永定河流域水资源管理与调配、官厅水库下游防洪调度的"四预"功能，构建了五大应用技术，助力了 2022 年的永定河生态水量调度模拟与官厅水库下游防洪演练。

数字孪生永定河 1.0		初步实现永定河流域水资源管理与调配、官厅水库下游防洪调度的"四预"功能
	构建五大应用技术	面向永定河综合治理与生态修复的综合检测体系
		基于微服务敏捷开发的数字孪生永定河架构体系
		基于松散耦合模式的水利专业模型库集成
		基于 ARM 架构的国产化云平台运行环境
		基于多源多尺度数据的数字化场景融合构建

Q49：应用案例——数字孪生太湖

数字孪生太湖是以物理太湖流域为单元、时空数据为底座、数学模型为核心、水利知识为驱动，对流域全要素和水利治理管理活动全过程的数字化映射、智能化模拟，最终实现与物理太湖流域同步仿真运行、虚实交互、迭代优化。

太湖流域管理局积极开展先行先试工作，选取了太浦河、太浦闸作为数字孪生太湖建设试点，其中，"数字孪生支撑太浦河多目标统筹调度"入选《推荐名录》。该案例针对太浦河供水功能，从水质水量出发，进行防洪、供水业务的"四预"平台打造，在 2022 年"梅花"台风防御中发挥重要作用，并协助完成了上海抗咸潮保供水工作，确保了太浦河上游水源地持续稳定供水。

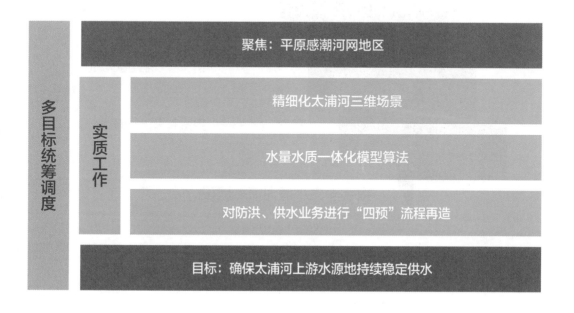

Q50：应用案例——数字孪生小清河流域

数字孪生小清河流域是以水雨情服务、洪水预报预警、防洪调度、数字场景、数据维护、系统管理、风暴潮预报预警等为基础，有着数字化场景、智慧化模拟、精准化决策的洪水预报调度一体化系统。

山东省水利厅负责的"数字孪生小清河智能防洪应用"入选《推荐名录》。数字孪生小清河智能防洪应用作为小清河防洪综合治理工程的重要组成部分，综合应用高新技术，构建具有"四预"功能的流域防洪智慧体系，基本构建了小清河流域"一张图"和数字流域可视化平台，实现与部、省、市平台的数据共享，在险情诊断、防洪形势研判、防汛决策与行动支持中发挥了重要作用。

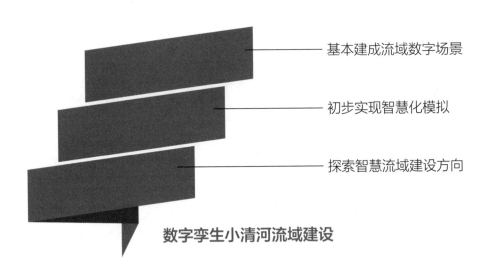

基本建成流域数字场景

初步实现智慧化模拟

探索智慧流域建设方向

数字孪生小清河流域建设

参考文献

[1] 陶飞，刘蔚然，刘检华，等 . 数字孪生及其应用探索 [J]. 计算机集成制造系统，2018，24(1):1-18.

[2] 陶飞，程颖，程江峰，等 . 数字孪生车间信息物理融合理论与技术 [J]. 计算机集成制造系统，2017，23(8):1603-1611.

[3] 鲍劲松，张荣，李婕，等 . 面向人 - 机 - 环境共融的数字孪生协同技术 [J]. 机械工程学报，2022，58(18):103-115.

[4] 赵波，程多福，贺冬冬 .2020 年数字孪生应用白皮书 [R]. 中国电子技术标准化研究院，树根互联技术有限公司，2020.

[5] 时培昕 . 数字孪生的概念、发展形态和意义 [J]. 软件和集成电路，2018，406(9):30-33.

[6]GRIEVES M. Digital twin: manufacturing excellence through virtual factory replication[R]. Melbourne: US Florida Institute of Technology，2014.

[7] 陶飞，刘蔚然，张萌，等 . 数字孪生五维模型及十大领域应用 [J]. 计算机集成制造系统，2019，25(1):1-18.

[8] 宗学妍 . 基于数字孪生的车间作业仿真与监控系统的设计与实现 [D]. 北京：中国科学院大学（中国科学院沈阳计算技术研究所），2021.

[9] 詹道江，徐向阳，陈元芳，等 . 工程水文学 [M]. 北京：中国水利水电出版社，2015.

[10] 芮孝芳 . 水文学原理 [M]. 北京：中国水利水电出版社，2004.

[11] 本站讯 . 水利部研究部署数字孪生流域建设先行先试工作 [J]. 水电站机电技术，2022，45(5):99.

[12] 李国英 . 建设"数字黄河"工程 [J]. 人民黄河，2001(11):1-4，46.

[13] 李国英 . 建设"模型黄河"工程 [J]. 人民黄河，2001(12):1-3，53.

[14] 李国英 . 建设"三条黄河"[J]. 人民黄河，2002(7):1-2，46.

[15] 陶飞，张萌，程江峰，等 . 数字孪生车间———一种未来车间运行新模式 [J]. 计算机集成制造系统，2017，23(1):1-9.

[16] 秦磊 . 机器聪明一分　世界跃前一丈 [J]. 软件和集成电路，2016，383(8):68-69.

[17] 詹全忠，陈真玄，张潮，等 .《数字孪生水利工程建设技术导则（试行）》解析 [J]. 水利信息化，2022(4):1-5.

[18] 冯亮，朱林 . 中国信息化军民融合发展 [M]. 北京 : 社会科学文献出版社，2014.

[19]TAO F，QI QL. Make more digital twins[J].Nature，2019，573(7775):490-491.

[20] 刘震磊，戚明轩，王环 . 基于数字孪生技术的准确度检测平台开发及应用 [J]. 航空精密制造技术，2021，57(2):4-8.

[21]MARK A，PARASTOO D，MARIA C，et al. Architecting Smart City Digital Twins: Combined Semantic Model and Machine Learning Approach[J]. Journal of Management in Engineering，2020，36(4):4020026.1-4020026.14.

[22] 水利部专题研究数字孪生流域建设技术大纲等技术文件和共建共享管理办法 [J]. 水利技术监督，2022(3):173.

[23] 谢文君，李家欢，李鑫雨，等 .《数字孪生流域建设技术大纲（试行）》解析 [J]. 水利信息化，2022，169(4):6-12.

[24] 李国英 . 在水利部"三对标、一规划"专项行动动员部署会议上的讲话 [J]. 中国水利，2021(4):1-2.

[25] 本站讯 . 智慧水利现状分析及建设初步设想 [J]. 中国水利，2018，839(5):1-4.

[26] 曾焱，程益联，江志琴，等."十四五"智慧水利建设规划关键问题思考 [J]. 水利信息化，2022(1):1-5.

[27] 本站讯. 水利部印发关于推进智慧水利建设的指导意见和实施方案 [J]. 水利建设与管理，2022，42(1):5.

[28] 娄保东，张峰，薛逸娇. 智慧水利数字孪生技术应用 [M]. 北京：中国水利水电出版社，2021.

[29] 郜雅，袁志波. 浅谈智慧水利与河湖综合管理 [J]. 珠江水运，2020(17):46-47.

[30] 刘强. 智慧水务建设及其实施路径研究 [J]. 科学与信息化，2020，30(5):7-13.

[31] 孟庆鹤. 评价智慧水务综合信息管理平台的智慧化运用 [J]. 化工管理，2020(13):92-93.

[32] 李小龙. 基于信息化技术的智慧水利应用及其发展研究 [J]. 智能城市，2020，6(16):161-162.

[33] 胡健伟，孔祥意，赵兰兰，等. 防洪"四预"基本技术要求解读 [J]. 水利信息化，2022(4):13-16.

[34] 李国英. 加快建设数字孪生流域，提升国家水安全保障能力 [J]. 中国水利，2022，950(20):1.

[35] 王占华. 水利信息化资源整合共享顶层设计助推智慧水利发展 [J]. 治淮，2017(2):32-33.

[36] 王宝恩. 强化流域治理管理，推动新阶段珠江水利高质量发展 [J]. 人民珠江，2022，43(3):1-9.

[37] 夏润亮，李涛，余伟，等. 流域数字孪生理论及其在黄河防汛中的实践 [J]. 中国水利，2021(20):11-13.

[38] 赵杏英，毛肖钰，徐红权，等. 数字流域多尺度空间地理信息模型构建及应用——

以钱塘江流域为例 [J]. 人民长江，2021，52(S2):293-297.

[39] 陆泽荣 .BIM 技术概论 [M]. 北京 : 中国建筑工业出版社，2016.

[40 牛文静，冯宝飞，许银山，等 . 基于数字孪生的流域水文实时预测方法 [C]// 第
十一届防汛抗旱信息化论坛论文集，2021:483-491.

[41] 刘庆涛，蔡思宇，沈红霞 . 生态流量监管"四预"业务应用探索 [J]. 水利信息化，
2022(4):17-23.

[42] 张以晓 . 论数字孪生技术与智慧水利建设 [J]. 黑龙江水利科技，2022，
50(7):180-183.

[43] 黄立锴 . 浅谈数字孪生技术在智慧水利工程中的应用 [J]. 珠江水运，
2022(16):46-48.

[44] 本站讯 . 李国英主持召开水利部部务会议，审议《数字孪生水网建设技术导则》
[J]. 中国水利，2022(20):9.

[45] 李国英 . 坚持系统观念，强化流域治理管理 [J]. 水资源开发与管理，2022，
8(8):1-2.

[46] 李国英 . 建设数字孪生流域，推动新阶段水利高质量发展 [N]. 学习时报，
2022-06-29(001).

[47] 黄艳 . 数字孪生长江建设关键技术与试点初探 [J]. 中国防汛抗旱，2022，
32(2):16-26.

[48] 栗铭 .《数字孪生黄河建设规划（2022—2025)》发布 [J]. 人民黄河，2022，
44(6):174.

[49] 甘郝新，吴皓楠 . 数字孪生珠江流域建设初探 [J]. 中国防汛抗旱，2022，
32(2):36-39.

[50] 钱名开 . 以数字孪生淮河建设引领淮河保护治理事业高质量发展 [J]. 中国水利，
2022，938(8):36-38.

[51] 廖晓玉，高远，金思凡，等 . 松辽流域智慧水利建设方案初探 [J]. 中国防汛抗旱，

2022，32(2):40-43，53.

[52] 本站讯 . 李国英主持召开加快水利基础设施建设调度会 [J]. 中国水利，2022(16):6.

[53] 张莹，陈赟，王奇，等 . 强化"四预"助力太湖流域防汛智慧化 [J]. 中国水利，2022(8):39-40, 46.

[54] 王奇，冯大蔚，戴逸聪，等 . 数字孪生太湖网络安全框架设计与实践 [J]. 水利技术监督，2022(12):64-67.